カワセミ類とはどんな鳥なのか

　「翡翠（ひすい）」にも例えられる美しい羽色のカワセミ*Alcedo atthis*が一般にも広く認知されていることもあって，屈指の人気を誇るカワセミの仲間。日本では，絶滅種ミヤコショウビン*Todiramphus miyakoensis*を含め，現在8種が記録されているが，世界にはおおよそ100種が分布している。

　ブッポウソウ目に属するカワセミ科は，形態的にはアカショウビン*Halcyon coromanda*の属するショウビン亜科（約60種），カワセミ*A.atthis*の属するカワセミ亜科（約25種），ヤマセミ*Megaceryle lugubris*の属するヤマセミ亜科（約10種）の3つのグループに分かれている。

　青や赤といった原色を基調にした羽をもった美しい種が多く，極端に長い嘴に大きめの頭と短い足というアンバランスな容姿をしているものがほとんどだ。

　カワセミ類は短足のために歩行は苦手である。そのため，捕食行動においては，枝などにとまっての待ち伏せ型と，ホバリング（空中停飛）しながらの探索型という2つの探餌方法からの採餌パターンを身につけている。

　そして，餌などに対して自身の体の大きさや生息環境を適応させることで，寒冷地や砂漠を除くほぼ全世界へ分布域を拡大させることに成功した。

　結果として，特に熱帯の地域においては，限られた範囲内で何種ものカワセミ類を見ることも少なくない。

　例えば，オーストラリア北部クイーンズランド州では，乾燥した環境にコシアカショウビン*T.pyrrhopygia*，疎林にはワライカワセミ*Dacelo*

*novaeguineae*とナンヨウショウビン*T.chloris*，林縁部にはモリショウビン*T.macleayii*，深い森にはシラオラケットカワセミ*Tanysiptera sylvia*，水辺にはルリミツユビカワセミ*A.azurea*とヒメミツユビカワセミ*A.pusilla*，干潟にはヒジリショウビン*T.sanctus*，という風に，1日で8種ものカワセミ類を目にすることが可能である。

　これらは，捕食対象を昆虫類，両性爬虫類，甲殻類など，種ごとに住み分けることで巧みに競合を避けているのがわかる。体長40cmにも及ぶワライカワセミは両性爬虫類，逆に10cmほどしかないヒメミツユビカワセミはマングローブに潜む小形の魚類を，といった具合である。

　一方，すべてのカワセミについて共通しているのは，営巣の仕方だ。河川の土壁，アリ塚，朽ちた樹木等に穴を掘り，夫婦共同で子育てを行う。

　繁殖期には特徴的なさえずりをする種も少なくない。代表的なものは日本でもおなじみのアカショウビンだろう。

　太平洋やオセアニアの島嶼部では，それぞれの島に特化した固有種が見られるが，中にはマルケサスショウビン*T.godeffroyi*やツアモツショウビン*T.gambieri*のように個体数が少なく絶滅の危機に瀕している種やブーゲンビルショウビン*Actenoides bougainvillei*のように，生体の目撃例がほとんどない種も存在し，繁殖生態がわかっていない種も少なくない。

　カワセミ類は，姿や形，美しい羽色，餌のとり方，種類の多さといったことが，我々を惹きつけてやまない大きな理由だが，本書がそんな魅力的なカワセミの仲間たちを知る一助となればうれしい限りである。楽しみながら読んでいただきたい。

カワセミ類エリア別一覧

本書に収録しているカワセミ 70 種を,
ここではエリア別に掲載しています。

アフリカ

セグロショウビン → p.33

オセアニア

ラケットカワセミ → p.14　シラオラケットカワセミ → p.16

セネガルショウビン → p.37　ナンヨウショウビン → p.42

チャガシララケットカワセミ → p.17　ハシブトカワセミ → p.19

カンムリカワセミ → p.51　ルリハシグロカワセミ → p.55

ワライカワセミ → p.19　アオバネワライカワセミ → p.20　アルーワライカワセミ → p.21　チャバラワライカワセミ → p.21

ナンヨウショウビン → p.42　シロガシラショウビン → p.44　ヒジリショウビン → p.45　コシアカショウビン → p.46

ミクロネシア

ナンヨウショウビン → p.42　ズアカショウビン → p.43

ヒメミツユビカワセミ → p.56　ルリミツユビカワセミ → p.57

4

北米

ハイガシラショウビン →p.33	タテフコショウビン →p.36	アオムネショウビン →p.37	ミドリヤマセミ →p.64
コビトカワセミ →p.47	ヒメショウビン →p.49	マダガスカルヒメショウビン →p.50	クビワヤマセミ →p.70
カワセミ →p.58	オオヤマセミ →p.71	ヒメヤマセミ →p.73	アメリカヤマセミ →p.72

中南米

セジロショウビン →p.39	モリショウビン →p.40	コミドリヤマセミ →p.62	アカハラミドリヤマセミ →p.63
キバシショウビン →p.46	マメカワセミ →p.51	ミドリヤマセミ →p.64	オオミドリヤマセミ →p.65
ルリカワセミ →p.57	カワセミ →p.58	クビワヤマセミ →p.70	アメリカヤマセミ →p.72

5

各部位名称

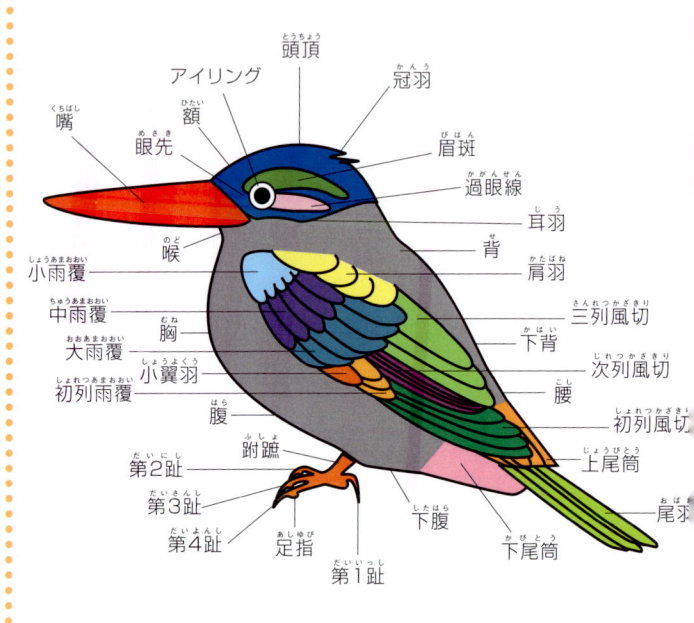

用語解説

和名（わめい）
生物の日本語の名称

学名（がくめい）
生物の世界共通の名称で，ラテン語で表される

種（しゅ）
生物分類上の基本単位

亜種（あしゅ）
種を細分化した単位で，種として独立させるほど大きくはないが，別種とするには相違点の多い一群

基亜種（きあしゅ）
ある種がいくつかの亜種に分類されるとき、最も古く学名のつけられた亜種

固有種（こゆうしゅ）
特定の限られた地域にのみ生息する生物種

留鳥（りゅうちょう）
一年中同じ地域に生息し、季節による移動をしない鳥

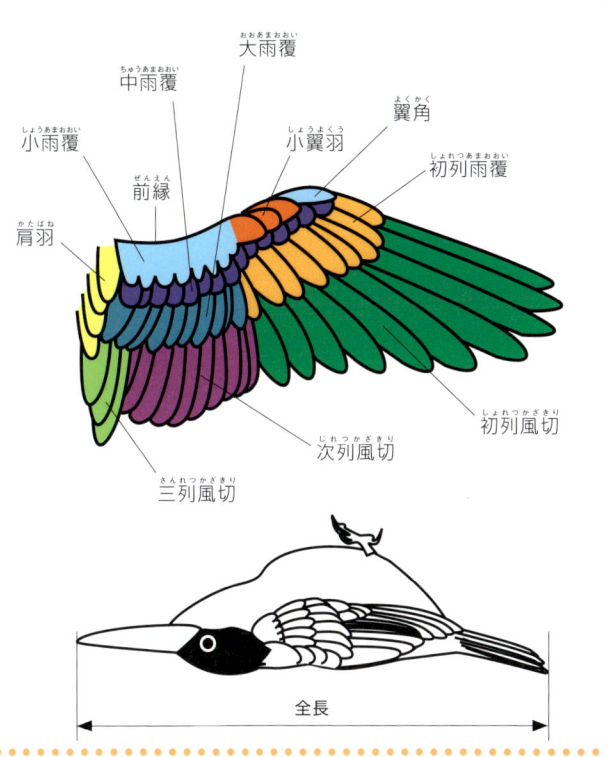

迷鳥（めいちょう）
本来の生息地から離れたところに飛来した鳥

成鳥（せいちょう）
成長して羽衣の変化が見られなくなった鳥

幼鳥（ようちょう）
孵化して羽毛が生えそろった後、1回目の換羽が始まるまでの鳥

営巣（えいそう）
巣を作ること

落鳥（らくちょう）
鳥が死ぬこと

ホバリング（停空飛翔）
翼を高速で動かして，空中の一点に静止した飛び方

コロニー
集団で営巣すること

ヘルパー
親鳥の子育てを手助けする若鳥のこと

雄　12月　インドネシア・スラウェシ島　タンココ国立公園（MR）

亜種 *capucinus*
雄　9月　インドネシア・スラウェシ島南部（AO）

雌　12月　インドネシア・
スラウェシ島タンココ国立公園（MR）

チャバラショウビン
Actenoides monachus / Green-backed Kingfisher

全長 31～32cm　分布 インドネシアのスラウェシ島と周辺の小島に留鳥として分布　特徴 大形のカワセミ類。上面が鈍い緑色で体下面は茶褐色。地域亜種により頭部の色が異なり、北部では青、南部では黒い。「ヒュー」と間延びする声で鳴く　環境 標高900m程度までの原生林やよく茂った二次林。標高によってチャイロショウビンとすみ分けている　生態 どこにでもいる種ではないが、生息地では普通に見られる。林の低層～中層にとまっていることから目にする機会が多い。水辺に依存せず、大形のムカデや昆虫類を主食とする。樹上のシロアリ塚などに営巣する。

雄　7月　インドネシア・スラウェシ島Gunung Mahawu（AO）

チャイロショウビン
Actenoides princeps / Scaly Kingfisher

全長 24〜25cm 分布 インドネシアのスラウェシ島に留鳥として分布 特徴 紺色の頭巾と下面が網目模様の独特な風貌。雌や幼鳥には淡色の眉斑と頬線がある。亜種により嘴や頭部の色が異なり，南部の亜種では雄の羽色がわかっていないとされる不思議な種 環境 主に標高900〜2,000mまでの原生林。低地に現れることもある 生態 薄暗い場所に単独で生活し，甲殻類やムカデなどを食べる。土手に営巣した形跡は見つかっているが，確実な巣は知られていない。数も少なく，見つけづらいことから幻のカワセミと言われることもある。

雄　5月　フィリピン・ルソン島マキリン山（MN）

シロボシショウビン
Actenoides lindsayi / Spotted Kingfisher

全長 26cm 分布 フィリピンのルソン島，カタンドゥアネス島，パナイ島，ネグロス島に留鳥として分布 特徴 雌雄で顔の色が異なる。雄は喉から頬，後頸がネーブル色で，口ひげや眉斑が水色。雌は喉などが白く，口ひげは緑色。和名の由来は上面や体下面の模様からと思われる 環境 低地から標高1,200mまでの熱帯雨林，二次林，河川沿いの林など 生態 薄暗い林内で昆虫やカタツムリ，小形の脊椎動物を食べる。生態は不明な点が多く，シロアリの塚に穴を掘って営巣すると考えられる。

雌 3月 フィリピン・ミンダナオ島ビスリグ（MN）

雄 5月 フィリピン・ミンダナオ島サンボアンガ（AO）

フィリピンアオヒゲショウビン
Actenoides hombroni / Blue-capped Kingfisher

全長 27cm 分布 フィリピンのミンダナオ島に留鳥として分布 特徴 アオヒゲショウビンに似るが、本種は嘴が赤く、英名の通り雄の頭部が青い。雌の頭部は緑色。「キュル キュル」と大きな声で鳴く 環境 標高800〜2,400mの高木の深い原生林に生息する 生態 水辺に依存せず、食性は大形の昆虫、トカゲなどの爬虫類、カタツムリ、小魚など幅広い。数は少なく稀で、生態はほとんどわかっていない。

雄 4月 タイ・クラビ（MN）

アオヒゲショウビン
Actenoides concretus / Rufous-collared Kingfisher

全長 23〜24cm 分布 マレー半島、スマトラ島、ボルネオ島に留鳥として分布 特徴 黒い眉斑とその名の通り太い青色の"口ひげ"が印象的。雌雄で上面の色模様が異なり、雄は一様に濃青色で雌はシロボシショウビンのようにオリーブ緑色に小さなバフ斑が点在する 環境 低地から山地の水辺から離れた林 生態 木の低い位置にとまって餌を探し、主に昆虫類やカタツムリなどの無脊椎動物を捕食する。小魚や小さなトカゲやヘビも食べる。

雌 4月 タイ・クラビ (MN)

雄 3月 タイ・クラビ, KNC (MR)

カザリショウビン
Lacedo pulchella / Banded Kingfisher

全長 20cm 分布 ミャンマーからタイ，ベトナム，マレー半島，大スンダ列島，ボルネオ島に留鳥として分布 特徴 縞模様の美しいカワセミ類。雌雄でまったく色模様が異なる。雄の頭頂は美しい青色で，上面の青と白の斑縞模様がとても鮮やか。雌はトケン類の赤色型のような色模様をしている 環境 森林性で低地から山地の熱帯雨林や水辺から離れた場所にも生息する 生態 つがいで生活することが多いが，採餌は単独で行う。主食はバッタなどの昆虫類で，小形のトカゲも捕食する。

9月 インドネシア・ハルマヘラ島（MN）

ラケットカワセミ
Tanysiptera galatea / Common Paradise Kingfisher

全長 33〜43cm 分布 ニューギニア島，インドネシアのモルッカ諸島に留鳥として分布 特徴 ラケットカワセミの仲間は細長い2本の中央尾羽が非常に美しく特徴的で，成鳥と幼鳥で著しく羽色が異なる。幼鳥では全体に褐色みが強い。「ピュルルル…」と尻上がりで鳴く 環境 低地から標高300mの熱帯雨林などの原生林や二次林，鬱蒼とした谷の水路沿いの林 生態 水辺に依存せず，林の中層にとまり，昆虫類，ミミズ，小形のトカゲなどを捕食する。シロアリ塚や木のくぼみ，土手などに営巣する。

7月 インドネシア・ビアク島（AO）

ビアクラケットカワセミ
Tanysiptera riedelii / Biak Paradise Kingfisher

`全長` 37cm `分布` ニューギニア島北西部に隣接するビアク島にのみ留鳥として分布する `特徴` ラケットカワセミの1亜種とされることもあるが，本種は頭部全体が光沢のある水色で，尾羽全体が白い点で異なる `環境` 標高600mまでの原生林やそれに接する水域 `生態` 繁殖や餌など詳しい生態はわかっていないが，おそらくラケットカワセミと同様とされる。

7月 インドネシア・ヌムフォール島（AO）

アオムネラケットカワセミ
Tanysiptera carolinae / Numfor Paradise Kingfisher

`全長` 34～38cm `分布` インドネシアのニューギニア島北西にあるヌム島のみに留鳥として分布 `特徴` ラケットカワセミの仲間で，ほぼ全身が青紫色なのは本種だけ。渋いラケットカワセミ類 `環境` 低地の自然林や二次林，開けた森林，農地などに生息する `生態` 昆虫食とされ，バッタ類や大形の甲虫，カタツムリなどを食べる。シロアリ塚に営巣するが，生態はよくわかっていない。生息地では普通に見られるが，伐採などによる生息環境の消失から個体数の減少が進んでいる。

15

12月 オーストラリア・ディンツリー国立公園（MR）

シラオラケットカワセミ
Tanysiptera sylvia / Buff-breasted Paradise Kingfisher

`全長` 29～37cm `分布` ニューギニア島の南東部とビスマーク諸島，オーストラリアのクイーンズランド北東部に繁殖分布する。オーストラリアの個体群はニューギニア島の北・南部から渡ってくるもので，雨季の10～1月に繁殖する。その他の個体群は留鳥 `特徴` カワセミ類のモノグラフの表紙を飾るほど世界でも人気が高い。その名の通り白く長い尾羽が印象的。オーストラリアの亜種は頭部が青く，他の亜種は黒い `環境` 低地の熱帯雨林に生息する。シロアリの塚や樹幹に穴を開けて営巣する `生態` 甲虫類，バッタ，セミ，ミミズ，クモなどの無脊椎動物や小形のヘビ，トカゲ，カエルなどを食べる。

7月 パプアニューギニア・バリラタ国立公園（MN）

チャガシララケットカワセミ
Tanysiptera danae / Brown-headed Paradise Kingfisher

全長 28〜30cm 分布 ニューギニア島南東部に留鳥として分布 特徴 ラケットカワセミの仲間で頭部から背中が茶褐色なのは本種だけ。翼と尾羽は濃い青色で、長い中央尾羽の先端は白い 環境 熱帯雨林に生息し，標高500〜1,000mぐらいでよく見られる。ラケットカワセミと一緒に見られることも多い 生態 水辺には依存せず，木の中層に止まり，昆虫類を捕食する。繁殖生態はよくわかっていない。

雄　12月　インドネシア・スラウェシ島タンココ国立公園（MR）

アオミミショウビン
Cittura cyanotis / Lilac-cheeked Kingfisher

全長 28cm 分布 スラウェシ島北部から南東部に留鳥として分布 特徴 独特な色模様をしているカワセミ類。褐色の頭部に紫色がかる明瞭な過眼線と赤い嘴が特徴的。雌は過眼線と雨覆が黒い。ライラック色を帯びた耳羽の羽毛は長く、亜種により濃さが異なり、胸まで及ぶものもいる 環境 低地の熱帯雨林から二次林、高地の丘陵林、樹木と耕作地が混在する場所など 生態 常に単独で行動し、林の中で低い枝や薄暗い場所にとまり、じっとして動かず探餌する。バッタや甲虫など大形の昆虫類が主食。営巣地などわかっていないことが多い。

雄　7月　インドネシア・イリアンジャヤ Nimbokrang（AO）

ハシブトカワセミ
Clytoceyx rex / Shovel-billed Kookaburra

全長 30〜34cm　分布 ニューギニア島に留鳥として分布　特徴 大形でその風貌からおよそカワセミ類に見えない。嘴は幅広いショベルに蓋をしたような形状で非常にユニーク。雌雄で尾羽の色が異なり，雄は青く，雌では橙褐色　環境 低地から標高2,400mまでの原生林。湿気の多い場所を好む　生態 数が少なく目にする機会はまれ。嘴をショベルのように用い，土中のミミズを捕食する。昆虫やトカゲなども食べる。繁殖生態は不明な点が多いが，木の穴で営巣していた例がある。

11月　オーストラリア・キングフィッシャーパーク（MM）

ワライカワセミ
Dacelo novaeguineae / Laughing Kookaburra

全長 39〜42cm　分布 オーストラリア東部と南西部，タスマニア島，ニュージーランド北部に留鳥として分布　特徴 世界最大のカワセミ類の1つ。鳴き声が人の高笑いを連想させることからその名がついた。左右に扁平で大きな嘴が特徴的　環境 開けたユーカリ林や耕地，果樹園，都市公園など人工的な環境でも見られる　生態 昆虫類から両生爬虫類，魚類，鳥類，小形の哺乳類までさまざまな餌を食べる。樹洞やシロアリ塚，岩の裂け目，壁の穴などに営巣する。本種は巣にヘルパーをもつことでも有名。

雄 7月 オーストラリア・レイクフィールド国立公園（MN）

アオバネワライカワセミ
Dacelo leachii / Blue-winged Kookaburra

`全長` 38〜41cm `分布` ニューギニア島北部からオーストラリア北部に留鳥として分布 `特徴` ワライカワセミに似るが，小・中雨覆が鮮やかな水色をしている。雌雄で尾羽の色模様が異なり，雄は青色，雌は赤褐色で黒帯がある。亜種により体下面が橙色みを帯びたり，細い褐色横帯がある。飛翔時は白斑が出る `環境` 開けたユーカリ林や河川沿いの林，マングローブ林など `生態` 餌は小形の哺乳類から鳥類，魚類，両生爬虫類，昆虫類など食性は幅広い。アリ塚を利用して営巣もする。

9月 インドネシア・イリアンジャヤ Wasur National Park (AO)

アルーワライカワセミ
Dacelo tyro / Spangled Kookaburra

全長 33cm 分布 インドネシアのアルー諸島とニューギニア島南部の一部に留鳥として分布する 特徴 頭部から後頸にかけて黒地に白っぽい斑点があるのが特徴的。光彩は暗色 環境 樹木の多い乾いたサバンナや熱帯モンスーン林、背の高いブッシュが点在する平地など。同所的に生息するアオバネワライカワセミと比べ、森林の中の下層〜中層を好む 生態 主食は昆虫類。地上から数mの高さにとまり、餌を見つけると地面に飛び降りて捕食する。空中で羽アリを捕ることもある。

雄 7月 インドネシア・イリアンジャヤ Depapre (AO)

チャバラワライカワセミ
Dacelo gaudichaud / Rufous-bellied Kookaburra

全長 28〜31cm 分布 インドネシアのアルー諸島やニューギニア島に留鳥として分布 特徴 ワライカワセミの仲間では最も小形で、濃い赤橙色の腹部が特徴。頭部は黒く、眼の後ろに細長い白斑がある。雌は尾羽が赤橙色 環境 主に低地の原生林から二次林にすむが、沿岸のヤシ林やマングローブ、公園など幅広い環境に生息する 生態 食性の幅は広く、昆虫類から両生爬虫類、魚類、時には小形の哺乳類や鳥類も食べる。枯れ木の樹洞を利用して営巣する。カエルのような「カウ、カウ」「キュル、キュル」といった声で鳴く。

21

8月 インドネシア・フロレス島Danau Ranau（AO）

コシジロショウビン
Caridonax fulgidus / White-rumped Kingfisher

`全長` 30cm `分布` 小スンダ列島のロンボク島，スンバ島，フロレス島にのみ留鳥として分布 `特徴` 容姿は"ミヤコドリ風"で見間違う種はいない。上面は濃い青みを帯びる。下背から腰が白く，飛ぶとよく目立つ `環境` 低地から標高1,700mまでの熱帯雨林や二次林，竹林，樹木が茂った耕作地，集落など `生態` 森林性のカワセミ類。生態的に知られていない面も多く，餌はクモや昆虫類とされる。土手などに営巣する。「コウカウ　カウカウ」と特徴的な声で鳴く。

9月 インドネシア・スマトラ島ワイカンバス国立公園（MN）

コウハシショウビン
Pelargopsis capensis / Stork-billed Kingfisher

`全長` 35cm `分布` インド，ネパールからマレーシア，フィリピン，インドネシアに留鳥として分布 `特徴` "コウノトリの嘴"といわれるように強大な赤い嘴をもつ。14亜種ほどがあり，頭頂が褐色のものや体が白いもの，上面は濃青色から緑色までさまざま `環境` 低地から標高1,000m以下の水辺に近いさまざまな環境に生息する `生態` 主食は魚類。両生爬虫類や昆虫類，時にはネズミや小鳥類を襲って捕食する。繁殖期の縄張り意識が強く，侵入者はワシなどの猛禽類でも攻撃的に追い払う。

9月 インドネシア・スラウェシ島タンココ国立公園（MN）

セレベスコウハシショウビン
Pelargopsis melanorhyncha / Black-billed Kingfisher

`全長` 35cm `分布` インドネシアのスラウェシ島とその東・南部の島々に留鳥として分布 `特徴` コウハシショウビンの仲間はワライカワセミやヤマセミの仲間を除き，最大のカワセミ類。白っぽい体に暗色の上面，黒く大きな嘴はまず見間違わない。別亜種では嘴が赤い。眼のまわりが黒っぽいのも特徴 `環境` 河口，小川，マングローブ林，樹木の茂る沿岸など `生態` カニとザリガニが主食だが，生態はよくわかっていない。マングローブにとまっていると，体色が保護色となって意外と目立たない。

腰に水色みがある
4月 タイ・クラビ（MN）

3月 タイ・クラビ（AQ）

チャバネコウハシショウビン
Pelargopsis amauroptera / Brown-winged Kingfisher

`全長` 35cm `分布` インド東端からミャンマー，マレーシア北西部の沿岸域に留鳥として分布 `特徴` コウハシショウビンに似るが，名前の通り翼や尾羽が濃い茶褐色。腰の水色がワンポイント `環境` 沿岸。主にマングローブ林や植生の多い河川に生息するが，時には岩場にも現れる `生態` ヒルギなどの枝にとまり，水中に飛び込んで魚類を捕ったり，干潟に飛び降りてカニ類を捕食する。

8月 兵庫県（NA）

アカショウビン
Halcyon coromanda / Ruddy Kingfisher

`全長` 27cm `分布` インド北東部からインドシナ半島，マレー半島，フィリピン，大スンダ列島，台湾，朝鮮半島南部，日本に分布。北方のものはフィリピンなどに渡る。日本では夏鳥 `特徴` 赤い体に大きな赤い嘴。腰の中央のコバルトブルーがワンポイント。羽色からトウガラシショウビンなどの地方名もある `環境` 森林を好む。平地や山地の渓流や湖沼沿いの林など。樹洞やキツツキの古巣，アリ塚などに営巣する `生態` 高い木の枝などにとまり，尻下がりの声で「キョロロロ…」と鳴く。餌は小魚，サワガニ，ザリガニ，トカゲ，昆虫類，ムカデ，クモなど幅広い。

◀巣に餌を運ぶ
親鳥がカエルをくわえて巣に戻ってきた。アカショウビンはカワセミやヤマセミと異なり，森林にすむカワセミ類である。実はカワセミの仲間を世界的に見ると，水辺に依存する種より，森林に住むものの方が多い

7月 兵庫県（NA）

▼スズメバチの古巣に営巣
巣は通常，朽ち木に自分で穴を掘って作るが，写真のようにスズメバチの古巣や樹洞，キツツキの古巣，アリ塚などのほか，土塀，茅葺き屋根，壁の排水口のような人工物も利用して営巣する

8月 兵庫県（NA）

雛の巣立ち

◀ヒグラシを捕らえた親鳥。本種の餌は多岐に渡っている。観察しているとカエルなどの両生類やセミなど昆虫類が多いようだ。もちろんカワセミ同様，魚やサワガニなども捕食する

7月 兵庫県（NA）

▶巣立ち後，間もない幼鳥。孵化後，雛は17日前後で巣立つ。幼鳥は成鳥に比べ，嘴が小さくて黒っぽいのがわかる。体色もまだまだ"火の鳥"にはほど遠い色で，尾羽も短く伸びきっていない

7月 兵庫県（NA）

◀ 捕ってきたセミを幼鳥に与える。親鳥は雛の成長に合わせて餌の種類や大きさを変えている。雛が小さいときは小さくて食べやすく柔らかいもの、大きくなるにつれ餌のサイズも大きくなり、甲殻類や昆虫類のような堅い餌も増えてくる

7月 兵庫県（NA）

8月 兵庫県（NA）

▲巣立ち後の幼鳥を見守る親鳥。巣立ちが近づくと親鳥は巣の周りでカラスなどの捕食者を警戒し、外敵が近づくと「カカカカ……」と鋭い声を出し、威嚇する。巣立ち後の雛は、約1か月ほど親から給餌を受け、独り立ちしていく

6月 鹿児島県（NA）

▲採餌
雌にヤモリを持って来た雄。捕った獲物を自分で食べず，求愛や雛への給餌をするときは，決まって獲物の頭側を相手に向けて与える。食べやすいようにとの配慮だろうが，とても愛情を感じるシーンである。本種は雌雄ほぼ同色であるが，雄の方がやや濃く，雌の腹部は白っぽい傾向にある

6月 鹿児島県（NA）

▲水浴び
とまり木へ向かう。カワセミ同様，とまり木から飛び込んでの水浴びをする。出水後は同じ場所へ戻り，また飛び込むことを何度かくり返す。腰中央の鮮やかなコバルトブルーの線は，亜種リュウキュウアカショウビンの方が青みが強く，幅広い傾向にある

▼羽を乾かし，休息

ショウビンと名のつく多くの種は，嘴がより太く，下嘴が膨らみ，底線が上に湾曲している。この形は地上や水面にいる獲物を「すくい」取るのに適していて，地面に衝突した際のショック吸収の役目があるとも考えられている。嘴の根元のわずかな隙間は，水面で捕食したときに嘴の中に入った水を排出するためらしい

亜種リュウキュウアカショウビン *bangsi*
4月　鹿児島県（NA）

干潟に降りてゴカイやカニなどを捕食中。本種は食性が広い
11月 香港（NA）

大きな甲虫類をパクリ。足元の竹に何度か打ち付けてから食べていた
3月 マレーシア・ランカウイ島（MM）

亜種 *gularis*。フィリピンに生息する本亜種は胸も赤橙色なのが特徴
5月 フィリピン・ルソン島マキリン山（MN）

30

12月 スリランカ・ウダワラウェ国立公園（MN）

アオショウビン
Halcyon smyrnensis / White-throated Kingfisher

`全長` 26〜28cm `分布` 中近東からインド，中国南部，大スンダ列島，フィリピンに留鳥として分布。日本では迷鳥 `特徴` 赤い嘴に栗色の頭と白い胸。上面は光沢のある空色。飛ぶと大きな白斑が目立つ。フィリピンの亜種 *gularis* は胸が栗色 `環境` 海岸，池，湿地，公園，市街地など幅広い環境に生息。あまり水辺に依存しない `生態` 木の枝やフェンス，電線等にとまって餌動物を待ち伏せして捕食する。食性は幅広く，魚，カエル，トカゲ，ヘビ，昆虫などや時には小鳥も食べる。

飛翔時のみ翼の白斑が見える
11月 インドネシア・バリ島ウブド（MR）

11月 インドネシア・バリ島ウブド（MR）

ジャワショウビン
Halcyon cyanoventris / Javan Kingfisher

全長 27cm 分布 ジャワ島とバリ島の固有種で留鳥として分布。生息地では珍しくない 特徴 アオショウビンに雰囲気は似るが，頭部が黒く，喉は白くない。体上・下面は光沢のある青紫色。飛ぶと翼に大きな白斑が出る 環境 水辺に依存せず，森林から農耕地，集落，沼，干潟，マングローブなどさまざまな環境に現れる。沿岸部から標高1,500mくらいまで生息する。道端の電線にとまっている光景もよく見かける 生態 主食は昆虫類だが，魚類やエビ，カエル，ミミズなど餌は多様。

7月 ウガンダ・ブドンゴ保護区（AO）

セグロショウビン
Halcyon badia / Chocolate-backed Kingfisher

全長 21cm 分布 アフリカのシエラレオネからガーナ東部，ナイジェリアからガボン，ザイールからウガンダ西部，アンゴラ北部にかけて留鳥として分布 特徴 上面のチョコレート色と下面の白色のコントラストが明瞭。翼の水色斑がワンポイントで，飛翔時には翼帯になり目立つ 環境 低地から標高1,500mまでの森林地帯 生態 水辺には依存せず，森林性。シロアリの塚に営巣する。主食はバッタ，甲虫，カマキリ，セミ，鱗翅類やその幼虫などの昆虫類。トカゲなども食べる。

1月 ケニア・Tsavo West National Park（AO）

ハイガシラショウビン
Halcyon leucocephala / Grey-headed Kingfisher

全長 22cm 分布 北はアラビア半島南西〜南部，セネガルからケニアなどの中央アフリカやアンゴラ，ザンビア，南はナミビアから南アフリカ共和国北東部などに分布。赤道周辺の個体群の多くは留鳥で，南北半球の高緯度の個体群は渡りをする 特徴 灰色の頭部が特徴。腹部が橙色で，飛翔時は青い翼と腰，尾羽が目立つ 環境 低地から標高2,400mまでの林や河川沿いの疎林，公園，耕地など比較的乾燥した開けた場所を好む。 生態 昆虫類を主食とし，カエルや魚類，小鳥の雛なども食べる。土手や枯木の樹洞，キツツキ類の古巣，シロアリ塚などに営巣する。

33

5月 石川県（NA）

ヤマショウビン
Halcyon pileata / Black-capped Kingfisher

`全長` 30cm `分布` インドから中国南東部，朝鮮半島にかけて繁殖し，北方のものはインドシナ半島から大スンダ列島，スリランカに渡る。日本では数少ない旅鳥で春に多い。福井県で繁殖例がある `特徴` 黒帽子に赤い嘴，青い背にオレンジ色の腹といった印象的な配色。珍鳥ファンでなくとも一目見たい人気種 `環境` 河川，湖沼，農耕地，海岸など `生態` 梢などにとまり，飛び降りて捕食する。小魚，サワガニ，トカゲ，昆虫類，ムカデなどを食べる。カワセミ同様，土壁に横穴を掘って営巣する。

雌 2月 南アフリカ (TH)

チャガシラショウビン
Halcyon albiventris / Brown-hooded Kingfisher

全長 22cm 分布 ザイール南西部からアンゴラ西部とソマリア南西部からタンザニア, ザンビア, 南アフリカ共和国東〜南部に分布。ほとんどは留鳥だが, 南アフリカ共和国の亜種はジンバブエ南部へ渡り越冬する 特徴 類似種のハイガシラショウビンとは腹が白く, 胸や脇に縦斑がある点が異なる。幼鳥の嘴は黒い 環境 森林地帯から樹木の多い草原, 耕作地, 公園, 庭園など。海岸から主に標高1,800mまでに生息する 生態 昆虫類が主食でバッタやコオロギ, カマキリ, 甲虫などを好む。時に甲殻類や爬虫類, 小形の齧歯類, 鳥の雛なども捕食する。

35

10月 エチオピア (TH)

タテフコショウビン
Halcyon chelicuti / Striped Kingfisher

全長 17cm 分布 アフリカのサハラ砂漠以南のコンゴ盆地，エチオピア高原，ナミビア砂漠などを除く地域に広く留鳥として分布するが，少数は小規模な移動を行う 特徴 分布域の重なるチャガシラショウビンに似ているが，体は小さく上嘴は暗色。上面も淡い 環境 低地から標高2,300mまでの疎林や有刺低木林，樹木の多い草地に生息する 生態 昆虫食で主食はバッタ類。小形の爬虫類や齧歯類も食べる。通常はとまり木から，飛び降りて採餌するが，飛んでいるシロアリや蛾などを空中で捕食する。ゴシキドリやキツツキ類の古巣に営巣し，時には巣箱やツバメの古巣，民家の柱などにも営巣する。

7月 ウガンダ・ブドンゴ保護区（AO）

アオムネショウビン
Halcyon malimbica / Blue-breasted Kingfisher

全長 25cm 分布 セネガルからナイジェリア，タンザニア西部，ザンビア北西部にかけて留鳥として分布 特徴 胸が鮮やかな空色。上嘴が赤く，黒い下嘴は過眼線につながって見えてユニークな顔つき。飛翔時は空色と黒のコントラストが明瞭 環境 低地から標高1,800mまでの熱帯雨林，マングローブ，サバンナの森林地帯，河川沿いの林など 生態 比較的低い位置にとまり，飛び降りて採餌したり，空中で昆虫を捕まえたりもする。主食は昆虫類やミミズ，カニなどの無脊椎動物。魚，トカゲ，小鳥，ネズミ，時には果実なども食べる。

7月 ウガンダ・エンテベ植物園（AO）

セネガルショウビン
Halcyon senegalensis / Woodland Kingfisher

全長 23cm 分布 アフリカの西はセネガルから東はエチオピア，南はナミビア砂漠周辺地域を除く，南アフリカ共和国北東部まで広く分布。多くは留鳥だが，赤道周辺の森林地帯を中心に南北の個体群はそれぞれ渡りをする 特徴 同じ地域にはよく似たアオムネショウビンがいるが，本種は胸に青色みはなく，頭部もより灰色で背は黒くない 環境 低地から標高1,500m（時に2,000m）までの森林地帯や開けた林，農耕地，公園など 生態 食性は幅広い。主に昆虫類を食べ，バッタを好み，両生爬虫類や魚類，小鳥，小形の哺乳類も捕食する。飛びながら羽アリなどを食べたりもする。

雄　8月　インドネシア・ハルマヘラ島 Foli（AO）

モルッカショウビン
Todiramphus diops / Blue-and-White Kingfisher

全長 19cm　分布 インドネシアのハルマヘラ島, モロタイ島, オビ島などに留鳥として分布　特徴 モリショウビンによく似た配色だが, 雌は胸に太く青い帯がある。飛翔時, 翼に白斑が出る　環境 低地から標高700mまでの二次林, マングローブ林縁, 果樹園, ヤシ林など　生態 生態は不明なことが多く, 巣なども見つかっていない。食性もバッタを食べることしかわかっていないが, 他の昆虫類も食べると思われる。

雄　12月　インドネシア・セラム島 Manusela National Park（AO）

ミナミモルッカショウビン
Todiramphus lazuli / Lazuli Kingfisher

全長 22cm　分布 インドネシアのセラム島とその周辺の島嶼に留鳥として分布　特徴 モルッカショウビンに似るが, 雄は腹部が青く, 雌は胸から以下が青い　環境 低地から標高640mまでの森林, 二次林。時にマングローブにも現れる　生態 中層の枝にとまり, 地面の飛び降りてバッタや甲虫など昆虫を捕食する。繁殖生態はあまり知られていない。

7月 パプアニューギニア (TH)

セジロショウビン
Todiramphus albonotatus / New Britain Kingfisher, White-mantled Kingfisher

全長 16〜18cm 分布 パプア・ニューギニアのニューブリテン島のみに留鳥として分布 特徴 頭頂が空色で背が白いのが特徴。雄は背から上尾筒までが白い 環境 低地の自然林を好み、標高1,000mまでの二次林や林縁部でも見られる 生態 大形の昆虫を主食とする。樹木のシロアリ塚に穴を掘り営巣する。プランテーション開発のための森林伐採により個体数が減少している。

雄 8月 インドネシア・ハルマヘラ島Foli (AO)

ハルマヘラショウビン
Todiramphus funebris / Sombre Kingfisher

全長 30cm 分布 インドネシアのハルマヘラ島にのみ留鳥として分布 特徴 やや大形のカワセミ類。雌雄で羽色が異なり、雄は頭部と上面が濃緑色だが、雌は褐色をしている。「クワッ クワッ クワッ」と尻下がりの声で鳴く。環境 サゴヤシの湿地、疎林、二次林、耕地、マングローブ林など沿岸部から標高600m程度まで生息する 生態 大形の節足動物が主食とされるが、トカゲやヘビも捕食する。個体数が少なく、生態はよくわかっておらず、巣も見つかっていない。

シロアリ塚に作られた巣　　雄　12月　オーストラリア・ケアンズ（MN）

雌 7月 オーストラリア・レイクフィールド国立公園（MN）

モリショウビン
Todiramphus macleayii / Forest Kingfisher

`全長` 20cm `分布` オーストラリア北・東部およびニューギニア島の東部で繁殖分布する。南方の個体群はニューギニア島南部やモルッカ諸島北部から南東部へ渡り越冬する。オーストラリア内でも一部季節的な移動をする `特徴` 頭部は濃青色で眼先に白斑がある。雄は後頸が白い。背の青色みは亜種によって異なる `環境` 水辺に隣接する林，湿地，マングローブ林，郊外の公園，庭園など広い環境に生息する。標高200mまでに多いが，ニューギニア島では標高1,700mまで見られる `生態` 昆虫類や両生爬虫類を食べる。シロアリ塚や枯木に穴を掘り営巣する。

3月 アメリカ・ロタ島 (NA)

ナンヨウショウビン
Todiramphus chloris / Collared Kingfisher

`全長` 20〜29cm `分布` 紅海南部沿岸，インド西岸，バングラデシュ，東南アジアからオーストラリア北西〜北東部沿岸，オセアニアに分布。日本では迷鳥 `特徴` 頭上や上面は青緑色。下面全体と襟が白い。多くの亜種があり，それぞれ少しずつ体色が異なる `環境` マングローブ林や開けた林，農耕地など `生態` とまり木から飛び降りて捕食することが多いが，浅瀬に飛び込んだり，ホバリングして捕食もする。甲殻類，両生爬虫類，昆虫類，小魚，カタツムリ，ミミズ，小鳥の卵など食性は幅広い。

7月 インドネシア・タラウド島（AO）

タラウドショウビン
Todiramphus enigma / Talaud Kingfisher

`全長` 21cm `分布` インドネシアのタラウド諸島にのみ留鳥として分布 `特徴` ナンヨウショウビンに酷似するが，一回り小さくて，嘴と尾羽が短く，上面は緑色味が強い。かつてナンヨウショウビンの亜種とされていたが，現在は別種とする説が強い `環境` 低地の人手の入っていない熱帯雨林から2次林 `生態` 中層の枝にとまり，バッタなどの昆虫類や水辺の貝などを主食とし，トカゲなども捕食する。

11月 パラオ・バベルダオブ島（AO）

ズアカショウビン
Todiramphus cinnamominus / Micronesian Kingfisher

`全長` 20cm `分布` ミクロネシアのパラオ諸島，ポナペ島，グアム島に留鳥として分布。グアム島の基亜種は生息環境の消失や持ち込まれた樹上性のヘビ（ミナミオオガシラ）によって野生絶滅し，現在，飼育下で保護増殖を試みている。ミヤコショウビンを本種の1亜種とする考えもある `特徴` ちょうどナンヨウショウビンの頭頂を赤褐色にしたようなカワセミ類 `環境` 森林，林縁の農耕地や集落に生息する `生態` 大形のバッタやセミなどの昆虫類，小形の脊椎動物を食べる。電線にとまって探餌する姿も見られる。シロアリ塚や枯れ木に穴を掘り，営巣する。

9月 インドネシア・ハルマヘラ島（MN）

シロガシラショウビン
Todiramphus saurophagus / Beach Kingfisher

全長 30cm 分布 モルッカ諸島からニューギニア島北西部とその周辺の島嶼やビスマーク諸島，ソロモン諸島に留鳥として分布 特徴 頭部から体下面が白く，上面や翼，尾は青色。亜種により太い過眼線と緑色の頭頂をもつものがいる 環境 マングローブの湿地や海岸のココヤシ林，サンゴ礁の断崖，小島など沿岸部の開けた場所を好む 生態 カニや魚類，昆虫とその幼虫，トカゲなどを食べる。樹洞や椰子の木の上部などに営巣する。

7月 オーストラリア・レイクフィールド国立公園（MN）

ヒジリショウビン
Todiramphus sanctus / Sacred Kingfisher

全長 22cm 分布 インドネシアからパプアニューギニア，サモアなど太平洋の一部の島嶼，オーストラリアの内陸部を除く全域，ニュージーランドなどに分布。オーストラリア南部の個体群は繁殖後，北部地域や東南アジアへ渡るが，それ以外は留鳥 特徴 雌は雄より大きい。オーストラリアに広く分布する亜種では，頭部や上面，尾羽がエメラルドグリーン。同部位が紺色になる亜種もいる 環境 沿岸部の林やマングローブ林，二次林，公園などで見られる 生態 ナンヨウショウビン同様，食性の幅は広い。主に樹洞で営巣する。

雄 7月 オーストラリア（TH）

コシアカショウビン
Todiramphus pyrrhopygius / Red-backed Kingfisher

全長 20cm 分布 オーストラリア大陸のタスマニアなど南東端部や南西端部を除く地域に広く分布する。南部の個体群は冬は北部へと渡るが，その他は留鳥として生息する 特徴 同じオーストラリアにすむヒジリショウビンやナンヨウショウビンに似るが，本種は下背から腰にかけて赤褐色なのが特徴。肩羽も白っぽく，風で巻き上がるとよく目立つ 環境 乾燥した土地を好む。アカシアなどの低木林がある場所や草地などに生息する。沼地や海岸，道端の電線などでも時々見ることがある 生態 イナゴなどのバッタ類を好み，他の昆虫類やクモ，カエルなども食べる。ズアカガケツバメのコロニーを襲って，巣内の卵を捕食した記録もある。

雌 10月 パプアニューギニア・バリラタ国立公園（AO）

キバシショウビン
Syma torotoro / Yellow-billed Kingfisher

全長 20cm 分布 ニューギニア島，ヤーペン島，アルー諸島，オーストラリア北東部のヨーク岬半島に留鳥として分布 特徴 名前の通り黄色い嘴が特徴のカワセミ類。眼のまわりに黒いアイリングと後頸の黒斑がポイント。雌は頭頂が黒く，後頸の黒斑は雄に比べ大きい 環境 低地の熱帯雨林やマングローブなどに生息する 生態 昆虫類が主食。小形の爬虫類やその卵なども食べる。地上から低い位置にとまり，餌を見つけると飛び降りて地上で捕食する。シロアリ塚や樹洞で営巣する。

7月 ウガンダ (TH)

コビトカワセミ
Ceyx lecontei / African Dwarf Kingfisher

全長 10cm 分布 シエラレオネからガーナ南西部, ナイジェリア南西部, カメルーンからコンゴ, ウガンダ南部にかけて留鳥として分布 特徴 世界最小のカワセミ。ヒメショウビンに似るが, 額が黒く, 頭部が赤いのが特徴。本種の嘴の先端は四角くて扁平。幼鳥は頭頂が黒っぽく, 微細な水色の斑紋がある 環境 森林を好み, 薄暗い熱帯雨林などにすむ。低地から標高1,400mまでに生息。時折, ヤシ農園など開けた場所にも現れる 生態 小形の昆虫類を好んで食べる。

背紺タイプ

背赤タイプ

7月 インドネシア・
バリ島バリバラット国立公園（MN）

1月 スリランカ・シンハラジャ森林保護区（MN）

ミツユビカワセミ
Ceyx erithaca / Oriental Dwarf Kingfisher

全長 14cm 分布 スリランカ，インド南西部からネパール，タイ，インドシナ半島，中国海南島に分布。主に留鳥だが，北方のものはマレー半島南部などへ渡る。日本では迷鳥。沖縄島での記録のみ 特徴 頭部があずき色で体下面は橙色。喉が白い。背中が紺色と赤色の2タイプの亜種があり，それぞれを別種とする説もあるが，地域によっては交雑している。その名の通り趾は3本で他のカワセミ類と異なる 環境 樹林近くの薄暗い小川を好む 生態 植物や岩などの地上から低い位置にとまり，飛び降りて捕食する。小形の昆虫類やカニ，小魚，カエルなどを食べる。

12月 ガーナ・アクラ郊外（MN）

ヒメショウビン
Ceyx pictus / African Pygmy Kingfisher

`全長` 12cm `分布` アフリカのサハラ砂漠以南の西はセネガルから東はエチオピア，南はナミビア・カラハリ砂漠を除く地域まで広く分布する。多くは留鳥だが，南北高緯度の個体群は渡りをする `特徴` オレンジ色の頭に頭頂の青と黒の縞模様がポイント。濃青色の上面も鮮やか。同じくアフリカにはよく似たコビトカワセミがいるが，頭頂が橙色なので区別できる `環境` よく茂った森林，河川や沼沿いの林，草原，耕地，庭園など `生態` 主食は昆虫類で，小形のカエルやトカゲなども捕食する。渡りの時期には多くがビルに衝突して落鳥するという。

4月 フィリピン・ミンダナオ島サンボアンガ（AO）

アカカワセミ
Ceyx melanurus / Philippine Dwarf Kingfisher

`全長` 12cm `分布` フィリピン特産種。留鳥として分布し，個体数は多くないとされるが正確なことはわかってない `特徴` 雌雄同色。紫色を帯びた赤い上面に黒い逆ハの字模様が特徴的。亜種により翼の色（黒と赤）が異なる。翼の黒い亜種は後頸に小さな青色斑がある。趾は3本 `環境` うっそうとした原始林や二次林。水辺に近い林にも現れる `生態` 地上から3m以下の場所にとまり餌動物を探し，昆虫類や無脊椎動物を食べる。生態的に不明なことが多く，巣も見つかっていない。

12月　インドネシア・スラウェシ島タンココ国立公園（MR）

セレベスカワセミ
Ceyx fallax / Sulawesi Dwarf Kingfisher

全長 12cm　分布 インドネシアのスラウェシ島，サンヘギ島，タラウド島に留鳥として分布 特徴 頭頂が黒く，青い小斑がある。亜種により腰から尾羽の青みが異なる。本種はミツユビカワセミの仲間だが第2趾は痕跡程度に残っている 環境 低地から標高1,000mまでの自然林や二次林 生態 まったく水辺に依存せず生活する。昆虫類や小形のトカゲを食べる。水辺から離れた土手に穴を掘って営巣する。生態はよく知られていない。

11月　マダガスカル（TH）

マダガスカルヒメショウビン
Ceyx madagascariensis / Madagascan Pygmy Kingfisher

全長 13cm　分布 マダガスカル島の固有種で留鳥として分布する 特徴 上面の明るい赤褐色と下面の白色のコントラストがとても鮮やかな，小形のかわいいカワセミ類 環境 乾燥した低木地帯，サバンナの森林地帯，湿った常緑樹林などで普通に見られる。海岸線から1,500mまでに生息する 生態 水辺には依存せず生活する。主食はカエルとされ，昆虫類やクモ，小形の爬虫類や甲殻類も捕食する。

雌　7月　パプアニューギニア・マヌス島（MN）

マメカワセミ
Ceyx lepidus / Variable Dwarf Kingfisher

全長 14cm 分布 フィリピンのミンダナオ島，インドネシアのモルッカ諸島，ニューギニア島からソロモン諸島西部にかけて留鳥として分布 特徴 英名のように亜種によって羽色や嘴の色が変化に富み，別種と思われるほど大きな違いが見られるものもある 環境 低地から標高1,300mまでの熱帯林や二次林などに生息する 生態 水辺に近い場所で見られ，トンボやバッタなどの昆虫類，小形のカエルなどを捕食する。小さく目立たないので，なかなか姿を見つけられず，鳴き声でその存在を知ることが多い。

7月　ウガンダ・エンテベ植物園（AO）

カンムリカワセミ
Alcedo cristata / Malachite Kingfisher

全長 13cm 分布 アフリカの水辺に生息する小形のカワセミ類では最も普通。カラハリ砂漠などを除き，アフリカ中部以南に留鳥として広く分布。高緯度の個体群は雨季と乾季で季節移動をする 特徴 額や頭頂にある黒色と薄緑色の縞模様の羽毛は長く，冠羽状をしている。興奮したり，驚くと額の羽を扇子のように広げるユニークな動作を行う。喉は白く，頬が赤褐色。成鳥の嘴は赤く，幼鳥では黒い 環境 主に池，沼，ゆるやかな流れの河川，運河，ダムなど淡水域 生態 主食は小形のエビ，カニ，オタマジャクシ，魚など。地上で昆虫類やトカゲなども捕る。

雌 5月 フィリピン・ルソン島北部（MN）

アオオビカワセミ
Alcedo cyanopectus / Indigo-banded Kingfisher

全長 13cm 分布 フィリピンに留鳥として分布 特徴 カワセミに似るが，より青色が濃く，胸の紺色横帯が特徴。ルソン島などに住む亜種では雌雄で胸帯の数が違い，雄は2本，雌が1本（時に中央で途切れる）。雌雄とも上嘴は黒く，下嘴は橙色。セブ島の亜種では雌雄とも胸帯は1本で嘴はすべて黒い 環境 河川，湿地，マングローブ林，水辺近くの疎林 生態 枝や岩などにとまり，水中に飛び込んで捕食する。小魚や水生昆虫，無脊椎動物などを食べる。

3月 フィリピン・ミンダナオ島ビスリグ（MN）

セジロカワセミ
Alcedo argentata / Silvery Kingfisher

全長 13〜14cm 分布 フィリピン中・南部のボホール島，レイテ島，サマール島，ミンダナオ島に留鳥として分布。個体数は少ない 特徴 派手さはないが独特な羽色で見間違う種はいない。世界で最も美しいカワセミ類との評判がある。飛翔時は黒い翼に銀白色の縦筋，細かな白斑がライン状になり特徴的。趾は3本 環境 熱帯雨林など森林の中の小川など 生態 水辺に依存して生活し，主食は小魚やカニ類。川岸の土手に穴を掘って営巣するとされるが，詳しい生態はわかっていない。

雄　7月　インドネシア・バリ島バリバラット国立公園（MN）

ヒメアオカワセミ
Alcedo coerulescens / Ceruleau Kingfisher

[全長] 13cm [分布] インドネシアのスマトラ島南部からジャワ島，スンバワ島にかけて留鳥として分布 [特徴] 他のカワセミ類には見られない明るいスカイブルーをしている。雌は雄より緑色がかる [環境] 河川や湖沼，河口のマングローブ林，湿地，水田など。沿岸部から標高800mまで生息する [生態] 水辺に依存し，枝からダイビングして水生昆虫や小魚，甲殻類を捕食する。畦や土手に営巣する。

雄 9月 インドネシア・スマトラ島（MN）

アオムネカワセミ
Alcedo euryzona / Blue-banded Kingfisher

全長 17cm 分布 ミャンマー中部からマレーシア，インドネシアの大スンダ列島とボルネオ島に留鳥として分布する 特徴 胸に青い帯をもつのが特徴。頭部から翼は黒っぽく，羽縁は青い。雌の下嘴と腹部から下尾筒は橙色。背から上尾筒の銀青色が鮮やか 環境 熱帯雨林に流れる大きな河川から山中の渓流，マングローブなど。低地から標高850m程度に生息する 生態 インドネシアでは普通種だが，警戒心が強く，姿を見づらい。主食は魚類。甲殻類や昆虫なども食べる。移動しながらとまりをくり返し，採餌する。

7月 ウガンダ・クイーンエリザベス国立公園 (KT)

ルリハシグロカワセミ
Alcedo quadribrachys / Shining-blue Kingfisher

全長 16cm 分布 アフリカの西はセネガルから東へはウガンダまでとアンゴラ北部，ザンビア北西部にかけて留鳥として分布する 特徴 頭部から上面が濃い瑠璃色で印象的。アフリカにはよく似たハシグロカワセミ (Half-collared Kingfisher) がいるが，体色は本種より淡く，分布域もほとんど異なる 環境 河口，マングローブ，河川，湖沼，アシ原など水辺に依存し，低地から標高1,800mまで生息する 生態 魚類を主食にし，水生昆虫の幼虫や小さな甲殻類なども食べる。

7月 オーストラリア・ケアンズ（MN）

ヒメミツユビカワセミ
Alcedo pusilla / Little Kingfisher

`全長` 11cm `分布` ニューギニア島とその周辺の島嶼，オーストラリア北部に留鳥として分布 `特徴` 世界で最も小さなカワセミ類の1つ。上面の濃青色と下面の純白とのコントラストが美しい `環境` 沿岸部のマングローブ林や河川や湖沼に隣接する林など。時には公園の水辺にも現れる `生態` 水面から高さ2mまでの枝などにとまり，探餌する。水面にダイビングし小魚や甲殻類，水生昆虫を捕食する。河川の植生が覆う土手に営巣する。

雄　11月　オーストラリア・ディンツリー国立公園（AO）

ルリミツユビカワセミ
Alcedo azurea / Azure Kingfisher

`全長` 18cm `分布` ハルマヘラ島，ニューギニア島，オーストラリア北～南東部，タスマニア島に留鳥として分布。幼鳥や非繁殖期の成鳥は小規模な移動もする `特徴` 文字通り頭部から上面が光沢を帯びた紺色。嘴は黒い。亜種により体下面の橙色の濃さが異なる `環境` 沿岸部の樹木が茂った水路，河口，干潟，マングローブ，河川，湖沼など。低地から標高1,500mまで生息する `生態` 小魚を主食とし，水生昆虫やトンボ，クモ，小形のカエル，トカゲなども捕食する。カワセミ同様，河川や湖沼の土手などに営巣する。

雄　9月　インドネシア・スマトラ島ワイカンバス国立公園（MN）

ルリカワセミ
Alcedo meninting / Blue-eared Kingfisher

`全長` 17cm `分布` インド南西部と東部，スリランカ，ネパール東部からタイ，マレー半島，大スンダ列島にかけて留鳥として分布 `特徴` 日本のカワセミにそっくりだが，体の青みが強く，美しい。耳羽は青い。下嘴は雌雄とも橙色だが雄の方が黒い部分が多い `環境` 河川，湖沼，池，水辺脇の林や耕地など，主食の魚類や昆虫類を捕れる環境に広く分布 `生態` カワセミ同様，小魚や昆虫，エビなどを捕食し，川の土手に巣穴を掘って営巣する。

雌　11月　京都府（NA）

カワセミ
Alcedo atthis / Common Kingfisher

`全長` 17cm `分布` 世界に広く分布。北方のものはアフリカ北部，中東沿岸，東南アジアに渡る。日本では留鳥または漂鳥として本州以南に分布し，北海道では夏鳥 `特徴` 雄は嘴全体が黒く，雌は下嘴がオレンジ色。背から尾までの水色が鮮やかで遠くからでもよく目立つ。「空飛ぶ宝石」の異名も `環境` 平地から低山の水辺環境。淡水を好むが海岸にも生息 `生態` 水辺の枝や水中から突き出た杭にとまって獲物を狙ったり，空中でホバリングしてから水中に飛び込んで餌を捕る。主食は魚類。ザリガニやカエルも食べる。

▼ホバリング

カワセミの真骨頂といえばこの"ホバリング"。空中の一点に停飛して獲物を狙う。いつ見ても感動するシーンだ。森林にすむカワセミの仲間でもホバリングからの狩りをすることがある

11月 京都府（NA）

◀ダイブ

水中の獲物めがけて一直線に飛び込む。入水の際，思いのほか水しぶきが小さい。その秘密は「嘴と頭部」の形。水の抵抗を受けにくい形状をしている。これが新幹線500系の開発に一役買ったのは有名な話だ。

9月 京都府（NA）

3月 京都府（NA）

▲狩りに成功
小魚をくわえて飛び立つ。小さな餌は丸飲みするが，少し大きいと枝や石に叩きつけて弱らせてから食べる。魚は頭から，ザリガニは尾から食べるが，これはうろこやハサミが喉に引っかからないようにするため

2月　大阪府（NA）

▲伸び
伸びをする雄。時々，体を上下にヒクヒクさせる動作をするが，それは周囲を警戒している時に見られる仕草である

▶羽づくろい

お気に入りにの止まり木で羽づくろい。それぞれが決まった止まり場所（木の枝や杭，岩など）をもっていて，そこで狩りや休息，見張り，求愛，交尾なをど行い，生活史の重要な役割を担っている

▼得意の低空飛行

カワセミは水面すれすれの低空を直線的に速いスピードで飛ぶのが特徴。水面近くを猛スピードで飛び去る姿はまさに"空飛ぶ宝石"。バードウォッチャーでなくても虜にしてしまう光景だ

2月 京都府（NA）

雄 4月 京都府（NA）

雄　3月　コスタリカ・カララ国立公園（NH）

コミドリヤマセミ
Chloroceryle aenea / American Pygmy Kingfisher

全長 13cm 分布 メキシコ南部からエクアドル西部，ブラジル南部にかけて留鳥として分布 特徴 カワセミより小さなミドリヤマセミ類。同じ地域に生息するアカハラミドリヤマセミを小形にした感じだが，腹部中央から下尾筒にかけて白い点が異なる。雌の胸には暗緑色に細かな白斑が混じった帯がある 環境 低地から標高2,600mまでのジャングル内の小川や池，茂ったマングローブ林の湿地など 生態 小魚やオタマジャクシなどを見つけるととまりから水面に飛び込んで捕食する。時には近くを飛んでいる昆虫類を空中で捕まえる。

雄　5月　中国江西省 Jiulianshan Nature Reserve（AO）

オオカワセミ
Alcedo hercules / Blyth's Kingfisher

全長 22cm 分布 ネパール東部からミャンマー北部，中国南部，ベトナム，海南島にかけて留鳥として分布 特徴 文字通りカワセミを大きくした感じで，体色はより暗色。耳羽に橙色斑はない。雄の嘴は黒く，雌は下嘴が橙色 環境 低地から標高1,200mまで生息するが，カワセミよりも樹木が覆いかぶさっている河川を好む 生態 魚類食だが昆虫類も食べる。水面に張り出した木の枝にとまり，カワセミ同様，水面にダイブして魚を捕食する。岸辺の土手に営巣する。

雄　1月　エクアドル・ナポ川（MN）

アカハラミドリヤマセミ
Chloroceryle inda / Green-and-Rufous Kingfisher

全長 24cm 分布 ニカラグア南東部からエクアドル西部，コロンビア，ブラジル，ボリビア北部などに留鳥として分布 特徴 緑と赤褐色のヤマセミ類。ミドリヤマセミの仲間で体下面がすべて赤褐色なのは本種のみ。翼や上尾筒，尾羽にある微小な白斑もポイント。雌は胸に白の横縞が混じった緑色横帯がある 環境 樹木が茂る河川やマングローブ，湿地など 生態 とまりから水中に飛び込む方法で餌を捕る。魚類を主食とし，カニや水生昆虫も食べる。

63

雄 3月 コスタリカ・カララ国立公園（NH）

雌 9月 ベネズエラ・Hato Pinero（AO）

ミドリヤマセミ
Chloroceryle americana / Green Kingfisher

全長 20cm 分布 アメリカ南部からブラジル，アルゼンチンにかけて留鳥として分布 特徴 同じ地域にいるオオミドリヤマセミによく似るが一回り以上小さい。胸や脇に緑色斑があり，翼に白斑がある点も異なる 環境 森林内の河川や池，湖沼，沼，マングローブ，沿岸など。低地から標高2,800mまで生息し，標高1,000mまでに多く見られる 生態 小魚や甲殻類，昆虫類などを食べる。河川の植生が覆い被さっている土手などに穴を掘って営巣する。

雄 2月 コスタリカ・カラーラ国立公園（IE）

雌 9月 ベネズエラ・Henri Pitter Naational Park（AO）

オオミドリヤマセミ
Chloroceryle amazona / Amazon Kingfisher

`全長` 30cm `分布` メキシコ中部からコロンビア，ブラジル，アルゼンチン北部にかけて留鳥として分布 `特徴` 名前の通りミドリヤマセミを大きくした雰囲気。翼上面は一様な暗緑色で白斑はほとんどない。脇には緑色の縦斑がある。雄は胸が橙褐色 `環境` ミドリヤマセミに比べ低地に生息。主に標高1,200m以下の流れのある大きな河川，水深のあるワンド，樹木の繁マングローブなど `生態` 魚類が主食で甲殻類も食べる。木の枝などにとまって，頭や尾を上下に動かし，餌を見つけると水面にダイビングして捕食する。

雄 7月 兵庫県（NA）

ヤマセミ
Megaceryle lugubris / Crested Kingfisher

`全長` 38～43cm `分布` アフガニスタン北東部からインド北東部，ミャンマー，タイ北西部，ベトナム中部，中国北東～南部に留鳥として分布。日本では留鳥として九州以北に分布 `特徴` 白黒の鹿の子模様で長めの冠羽が特徴。雄は顎線の一部と胸に橙褐色斑がある `環境` 山地の渓流，谷，山間の湖沼，ダム湖などに生息し，河川中流域でも繁殖。冬には低地の河川や海岸近くにも現れる `生態` カワセミよりも流れが早い場所で深く潜って捕食する。主食はウグイやオイカワなどの川魚。カエルやサワガニ，昆虫も食べる。

▶ハンティング

ハンティングで水面に飛び込む瞬間。カワセミに比べ,ホバリングすることは少なく,とまりからの採餌を見る機会が多い。ある研究では9割がとまりからのもので,狩りの成功率はとまり7割,ホバリング5割という結果が出ている

▼水浴び

水浴びのために飛び込んだ直後。水浴びは採餌後におこなうが多いが,採餌とは違い,無防備に飛び込むので水しぶきの量は多い。一度の水浴びで,飛び込んでは出てを10数回くり返すこともある

1月 兵庫県（NA）

1月 京都府（NA）

1月 京都府(NA)

▲ハンティング成功
魚をくわえて飛び出たところ。通常カワセミよりも高い位置から飛び込み，水かさの深い所でハンティングする傾向にある。流れが比較的速い場所でも平気で，より大きな魚を捕って食べている

1月 京都府(NA)

▲鳴きながら飛翔
雌雄ともによく鳴き，「キャッ キャッ」「キョキョキョ」と特徴のある大きな声でその存在を知ることが多い

▶着地の瞬間
休息場である石に着地する瞬間。正面から見ても冠羽が立っているのがわかる。中国ではこの大きな冠羽と魚食性の習性から「冠魚狗」との名前が付けられている

▶飛翔する雄

お気に入りのとまり木めがけて一直線に飛翔する雄。翼下面が白く，胸や顎線に橙褐色みがあるのが雄の特徴。雌は翼下面が橙色みを帯び，胸は白黒のモノトーン。しかし，写真の個体のように胸や顎線に橙褐色みがない雄もいるので要注意

1月 京都府（NA）

1月 京都府（NA）

雌 1月 エクアドル・ナポ川（MN）

クビワヤマセミ
Megaceryle torquata / Ringed Kingfisher

`全長` 40cm `分布` メキシコからアンデス山脈一帯を除く南アメリカに生息。大部分は留鳥だが，南アメリカ南端のフエゴ島で繁殖する亜種はチリ中部やアルゼンチン中東部へ渡る `特徴` アメリカ大陸最大のカワセミ類。アメリカヤマセミに似るが，大きくて体下面が全体に栗色。嘴基部も淡色。雌は胸に灰色の帯がある。特徴からシロクビカワセミの異名もある `環境` 大きな河川や湖，貯水池，マングローブなどの樹木のよく茂った場所や沿岸など。標高500m以下に多い `生態` 主に20cm以下の魚を食べる。両生爬虫類やカニ，昆虫類も捕食する。

雄 9月 ベネズエラ・Hato Pinero (AO)

雌 12月 タンザニア・Amani Nature Reserve (AO)

オオヤマセミ
Megaceryle maxima / Giant Kingfisher

`全長` 42〜46cm `分布` アフリカのサハラ砂漠以南でカラハリ砂漠を除く地域に留鳥として分布するが，局地的で個体数は多くない `特徴` 世界最大のカワセミ類。全体に黒っぽく，上面や翼，尾には細かな白斑がある。雄の胸は濃い赤銅色で，雌は黒斑が密で腹以下が濃い赤銅色。嘴は黒くて大きい `環境` 低地から山地の林に隣接する河川，ダム湖や河口，マングローブ，海岸など `生態` とまりの探餌からダイビングして捕食するが，飛び回りながら狩りもする。主食は魚類や淡水性のカニ類。ヒキガエルやムカデ，昆虫類も食べる。飛びながら大きな声で鳴く。

雌　12月　アメリカ・フロリダ州エバーグレーズ国立公園（MN）

アメリカヤマセミ
Megaceryle alcyon / Belted Kingfisher

`全長` 28〜33cm `分布` 北米で最もポピュラーなカワセミ類。アリューシャン列島やカナダからアメリカ南部に繁殖分布し、北部のものはアメリカ中部以南から西インド諸島，ベネズエラ北部などまで渡る。ハワイ諸島やヨーロッパ西部でも記録がある `特徴` 上面は青灰色で体下面は白い。胸に青灰色の胸帯があるのが特徴で，雌では胸帯の下に赤褐色の帯がある `環境` 河川や湖，池，沼などの水辺環境 `生態` かなり高所にとまり，ダイビングして狩りをする。水中を泳いで捕食したり，ホバリングをして餌も捕る。主食は魚類だが，カエルや爬虫類，小鳥なども食べる。

3月 スリランカ (MN)

7月 ウガンダ・エンテベ植物園 (AO)

ヒメヤマセミ
Ceryle rudis / Pied Kingfisher

全長 25cm 分布 サハラなど砂漠地帯を除くアフリカ全域,中東,インドからインドシナ半島,中国南部に留鳥として分布 特徴 モノトーンでスマートな格好いいカワセミ類。胸の黒帯の数で雌雄がわかる。飛翔時は翼に白斑が出る 環境 湖沼や河川,干潟,マングローブ,ダムなど。地域によっては標高2,500mまで生息する 生態 主食は魚類。地域によっては昆虫やカニ,シロアリなども食べる。とまりよりもホバリングから水中に飛び込み魚を捕ることが多く,採餌のため沖合数kmまでも飛んで行くという。カワセミ類の中で唯一コロニーで集団繁殖する。

73

カワセミウォッチングにおすすめの探鳥地

世界のカワセミ類を,できるだけたくさん見てみたい!と思ったら,どこに行けばよいだろうか。以下に,おすすめの場所をエリア別に紹介しよう。

東南アジア

マレーシアは,カワセミ類のみならず,多くの野鳥や動植物を観察できる場所として知られる。なかでもマレー半島のタマン・ネガラ国立公園や,ボルネオ島サバ州のダナムバレーなどは,多くのカワセミ類を見たい人におすすめだ。ただし,どちらもとても広いので,目当ての鳥を探すのも簡単ではない。もう少し効率のよさを求めるなら,タイ南部のクラビや,クラビ近郊のKNC(Khao Nor Chuchi)あたりがおすすめである。

ダナムバレー(マレーシア)
高さ50mを超える巨木がそびえ立つ森の中にはカザリショウビンやミツユビカワセミ等が生息する(MN)

タマン・ネガラ国立公園(マレーシア)
世界最古の原生林の1つ。広い川にはコウハシショウビン,森の中の細流にはアオムネカワセミ等,多種多様のカワセミが生息している(MN)

アオミミショウビン
インドネシア・スラウェシ島　9月（MN）

オセアニア

　オーストラリアのケアンズ近郊は，世界的に有名な探鳥地でもあり，多くの野鳥が生息している。カワセミ類も多く見られ，2日間で8種類のカワセミを見ることも夢ではない。

　探鳥地はたくさんあるが，なかでも，シラオラケットカワセミが毎年やってくるキングフィッシャーパークや，ヒメミツユビカワセミが生息するケアンズ植物園・センテナリーレイクなどがおすすめだ。時期は，シラオラケットカワセミがやってくる11月下旬がよい（12月下旬ごろには雨季になるので，その前がおすすめ）。

キングフィッシャーパーク（オーストラリア）
敷地内の遊歩道。アリ塚が至るところにあり，シラオラケットカワセミが穴を掘って営巣する（MN）

その他

　中南米はカワセミの仲間は少なめだが，コスタリカやエクアドルではそのほとんどを見ることができる。

　アフリカなら，ウガンダでアフリカのカワセミ類のおよそ7割を見られるという。あまり観光イメージはないが，効率よくアフリカのカワセミ類を見るならおすすめである。

　現地の状況は日々変化しているので，限られた日数で観察したいなら，現地の情報収集を念入りに行うことが重要だ。現地の専門ガイドをお願いしたり，日本から専門ツアーで行くことも，効率よい方法の1つである。

世界のカワセミ全種リスト

HALCYONINAE　ショウビン亜科

ACTENOIDES アオヒゲショウビン属
チャバラショウビン	*Actenoides monachus*	Green-backed Kingfisher
チャイロショウビン	*Actenoides princeps*	Scaly Kingfisher
ブーゲンビルショウビン	*Actenoides bougainvillei*	Moustached Kingfisher
シロボシショウビン	*Actenoides lindsayi*	Spotted Kingfisher
フィリピンアオヒゲショウビン	*Actenoides hombroni*	Blue-capped Kingfisher
アオヒゲショウビン	*Actenoides concretus*	Rufous-collared Kingfisher

MELIDORA カギハシショウビン属
カギハシショウビン	*Melidora macrorrhina*	Hook-billed Kingfisher

LACEDO カザリショウビン属
カザリショウビン	*Lacedo pulchella*	Banded Kingfisher

TANYSIPTERA ラケットカワセミ属
ラケットカワセミ	*Tanysiptera galatea*	Common Paradise Kingfisher
シロハララケットカワセミ	*Tanysiptera ellioti*	Kafeau Paradise Kingfisher
ビアクラケットカワセミ	*Tanysiptera riedelii*	Biak Paradise Kingfisher
アオムネラケットカワセミ	*Tanysiptera carolinae*	Numfor Paradise Kingfisher
アルーラケットカワセミ	*Tanysiptera hydrocharis*	Little Paradise Kingfisher
シラオラケットカワセミ	*Tanysiptera sylvia*	Buff-breasted Paradise Kingfisher
アカハララケットカワセミ	*Tanysiptera nympha*	Red-breasted Paradise Kingfisher
チャガシララケットカワセミ	*Tanysiptera danae*	Brown-headed Paradise Kingfisher

CITTURA アオミミショウビン属
アオミミショウビン	*Cittura cyanotis*	Lilac-cheeked Kingfisher

CLYTOCEYX ハシブトカワセミ属
ハシブトカワセミ	*Clytoceyx rex*	Shovel-billed Kookabura

DACELO ワライカワセミ属
ワライカワセミ	*Dacelo novaeguineae*	Laughing Kookaburra
アオバネワライカワセミ	*Dacelo leachii*	Blue-winged Kookaburra
アルーワライカワセミ	*Dacelo tyro*	Spangled Kookaburra
チャバラワライカワセミ	*Dacelo gaudichaud*	Rufous-bellied Kookaburra

CARIDONAX コシジロショウビン属
コシジロショウビン	*Caridonax fulgidus*	White-rumped Kingfisher

PELARGOPSIS コウハシショウビン属
コウハシショウビン	*Pelargopsis capensis*	Stork-billed Kingfisher
セレベスコウハシショウビン	*Pelargopsis melanorhyncha*	Black-billed Kingfisher
チャバネコウハシショウビン	*Pelargopsis amauroptera*	Brown-winged Kingfisher

HALCYON ヤマショウビン属
☆アカショウビン	*Halcyon coromanda*	Ruddy Kingfisher
☆アオショウビン	*Halcyon smyrnensis*	White-throated Kingfisher
ジャワショウビン	*Halcyon cyanoventris*	Javan Kingfisher
セグロショウビン	*Halcyon badia*	Chocolate-backed Kingfisher
☆ヤマショウビン	*Halcyon pileata*	Black-capped Kingfisher
ハイガシラショウビン	*Halcyon leucocephala*	Grey-headed Kingfisher
チャガシラショウビン	*Halcyon albiventris*	Brown-hooded Kingfisher
タテフコショウビン	*Halcyon chelicuti*	Striped Kingfisher
アオムネショウビン	*Halcyon malimbica*	Blue-breasted Kingfisher
セネガルショウビン	*Halcyon senegalensis*	Woodland Kingfisher
マングローブショウビン	*Halcyon senegaloides*	Mangrove Kingfisher

TODIRANPHUS モリショウビン属
アオグロショウビン	*Todiramphus nigrocyaneus*	Blue-black Kingfisher
チャエリショウビン	*Todiramphus winchelli*	Rofous-lored Kingfisher
モルッカショウビン	*Todiramphus diops*	Blue-and-White Kingfisher
ミナミモルッカショウビン	*Todiramphus lazuli*	Lazuli Kingfisher
モリショウビン	*Todiramphus macleayii*	Forest Kingfisher
セジロショウビン	*Todiramphus albonotatus*	New Britain Kingfisher／White-mantled Kingfisher
ルリショウビン	*Todiramphus leucopygius*	Ultramarine Kingfisher

※ Dickinson2003 (Howard and Moore Complete Checklist of the Birds of the World) を一部改変
※☆印は、日本に生息、または稀に見られる種

クリハラショウビン	*Todiramphus farquhari*	Chestnat-bellied Kingfisher
ハルマヘラショウビン	*Todiramphus funebris*	Sombre Kingfisher
☆ナンヨウショウビン	*Todiramphus chloris*	Collared Kingfisher
タラウドショウビン	*Todiramphus enigma*	Talaud Kingfisher
ズアカショウビン	*Todiramphus cinnamominus*	Micronesian Kingfisher
ミヤコショウビン(絶滅)	*Todiramphus miyakonensis*	Miyako Island Kingfisher
シロガシラショウビン	*Todiramphus saurophagus*	Beach Kingfisher
ヒジリショウビン	*Todiramphus sanctus*	Sacred Kingfisher
チモールショウビン	*Todiramphus australasia*	Cinnamon-banded Kingfisher
マミジロショウビン	*Todiramphus tutus*	Chattering Kingfisher
ゴマフショウビン	*Todiramphus veneratus*	Tahitian Kingfisher
ツアモツショウビン	*Todiramphus gambieri*	Tuamotu Kingfisher
マルケサスショウビン	*Todiramphus godeffroyi*	Marquesan Kingfisher
コシアカショウビン	*Todiramphus pyrrhopygius*	Red-backed Kingfisher

SYMA キバシショウビン属
キバシショウビン	*Syma torotoro*	Yellow-billed Kingfisher
ヤマキバシショウビン	*Syma megarhyncha*	Mountain Kingfisher

ALCEDININAE　カワセミ亜科

CEYX ミツユビカワセミ属
コビトカワセミ	*Ceyx lecontei*	African Dwarf Kingfisher
ヒメカワセミ	*Ceyx pictus*	African Pygmy Kingfisher
☆ミツユビカワセミ	*Ceyx erithaca*	Oriental Dwarf Kingfisher
アカカワセミ	*Ceyx melanurus*	Philippine Dwarf Kingfisher
セレベスカワセミ	*Ceyx fallax*	Sulawesi Dwarf Kingfisher
マダガスカルヒメショウビン	*Ceyx madagascariensis*	Malagasy Pygmy Kingfisher
マメカワセミ	*Ceyx lepidus*	Variable Dwarf Kingfisher

ALCEDO カワセミ属
シロハラカワセミ	*Alcedo leucogaster*	White-bellied Kingfisher
カンムリカワセミ	*Alcedo cristata*	Malachite Kingfisher
マダガスカルカンムリカワセミ	*Alcedo vintsioides*	Malagasy Kingfisher
アオオビカワセミ	*Alcedo cyanopectus*	Indigo-banded Kingfisher
セジロカワセミ	*Alcedo argentata*	Silvery Kingfisher
ヒメアオカワセミ	*Alcedo coerulescens*	Cerulean Kingfisher
アオムネカワセミ	*Alcedo euryzona*	Blue-banded Kingfisher
ルリハシグロカワセミ	*Alcedo quadribrachys*	Shining-blue Kingfisher
ルリミツユビカワセミ	*Alcedo azurea*	Azure Kingfisher
ビスマークカワセミ	*Alcedo websteri*	Bismarck Kingfisher
ヒメミツユビカワセミ	*Alcedo pusilla*	Little Kingfisher
ルリカワセミ	*Alcedo meninting*	Blue-eared Kingfisher
☆カワセミ	*Alcedo atthis*	Common Kingfisher
ハシグロカワセミ	*Alcedo semitorquata*	Half-collared Kingfisher
オオカワセミ	*Alcedo hercules*	Blyth's Kingfisher

CERYLINAE　ヤマセミ亜科

CHLOROCERYLE ミドリヤマセミ属
コミドリヤマセミ	*Chloroceryle aenea*	American Pygmy Kingfisher
アカハラミドリヤマセミ	*Chloroceryle inda*	Green-and-Rufous Kingfisher
ミドリヤマセミ	*Chloroceryle americana*	Green Kingfisher
オオミドリヤマセミ	*Chloroceryle amazona*	Amazon Kingfisher

MEGACERYLE ヤマセミ属
☆ヤマセミ	*Megaceryle lugubris*	Crested Kingfisher
オオヤマセミ	*Megaceryle maxima*	Giant Kingfisher
クビワヤマセミ	*Megaceryle torquata*	Ringed Kingfisher
アメリカヤマセミ	*Megaceryle alcyon*	Belted Kingfisher

CERYLE ヒメヤマセミ属
ヒメヤマセミ	*Ceryle rudis*	Pied Kingfisher

索引

種名索引

ア
- アオオビカワセミ ………………… 52
- アオショウビン …………………… 30
- アオバネワライカワセミ ………… 20
- アオヒゲショウビン ……………… 12
- アオミミショウビン ……………… 18
- アオムネカワセミ ………………… 54
- アオムネショウビン ……………… 37
- アオムネラケットカワセミ ……… 15
- アカカワセミ ……………………… 49
- アカショウビン …………………… 24
- アカハラミドリヤマセミ ………… 64
- アメリカヤマセミ ………………… 72
- アルーワライカワセミ …………… 21
- オオカワセミ ……………………… 64
- オオミドリヤマセミ ……………… 65
- オオヤマセミ ……………………… 71

カ
- カザリショウビン ………………… 13
- カワセミ …………………………… 58
- カンムリカワセミ ………………… 51
- キバシショウビン ………………… 46
- クビワヤマセミ …………………… 70
- コウハシショウビン ……………… 22
- コシアカショウビン ……………… 46
- コシジロショウビン ……………… 22
- コビトカワセミ …………………… 47
- コミドリヤマセミ ………………… 63

サ
- ジャワショウビン ………………… 32
- シラオラケットカワセミ ………… 16
- シロガシラショウビン …………… 44
- シロボシショウビン ……………… 11
- ズアカショウビン ………………… 43
- セグロショウビン ………………… 33
- セジロカワセミ …………………… 52
- セジロショウビン ………………… 39
- セネガルショウビン ……………… 37
- セレベスカワセミ ………………… 50
- セレベスコウハシショウビン …… 23

タ
- タテフコショウビン ……………… 36
- タラウドショウビン ……………… 43
- チャイロショウビン ……………… 11
- チャガシラショウビン …………… 35
- チャガシララケットカワセミ …… 17
- チャバネコウハシショウビン …… 23
- チャバラショウビン ……………… 10
- チャバラワライカワセミ ………… 21

ナ
- ナンヨウショウビン ……………… 42

ハ
- ハイガシラショウビン …………… 33
- ハシブトカワセミ ………………… 19
- ハルマヘラショウビン …………… 39
- ビアクラケットカワセミ ………… 15
- ヒジリショウビン ………………… 45
- ヒメアオカワセミ ………………… 53
- ヒメショウビン …………………… 49
- ヒメミツユビカワセミ …………… 56
- ヒメヤマセミ ……………………… 73
- フィリピンアオヒゲショウビン … 12

マ
- マダガスカルヒメショウビン …… 50
- マメカワセミ ……………………… 51
- ミツユビカワセミ ………………… 48
- ミドリヤマセミ …………………… 65
- ミナミモルッカショウビン ……… 38
- モリショウビン …………………… 40
- モルッカショウビン ……………… 38

ヤ
- ヤマショウビン …………………… 34
- ヤマセミ …………………………… 66

ラ
- ラケットカワセミ ………………… 14
- ルリカワセミ ……………………… 57
- ルリハシグロカワセミ …………… 55
- ルリミツユビカワセミ …………… 57

ワ
- ワライカワセミ …………………… 19

学名索引

A
Actenoides concretus ... 12
Actenoides hombroni ... 12
Actenoides lindsayi ... 11
Actenoides monachus ... 10
Actenoides princeps ... 11
Alcedo argentata ... 52
Alcedo atthis ... 58
Alcedo azurea ... 57
Alcedo coerulescens ... 53
Alcedo cristata ... 51
Alcedo cyanopectus ... 52
Alcedo euryzona ... 54
Alcedo hercules ... 64
Alcedo meninting ... 57
Alcedo pusilla ... 56
Alcedo quadribrachys ... 55

C
Caridonax fulgidus ... 22
Ceryle rudis ... 73
Ceyx erithaca ... 48
Ceyx fallax ... 50
Ceyx lecontei ... 47
Ceyx lepidus ... 51
Ceyx madagascariensis ... 50
Ceyx melanurus ... 49
Ceyx pictus ... 49
Chloroceryle aenea ... 63
Chloroceryle amazona ... 65
Chloroceryle americana ... 65
Chloroceryle inda ... 64
Cittura cyanotis ... 18
Clytoceyx rex ... 19

D
Dacelo gaudichaud ... 21
Dacelo leachii ... 20
Dacelo novaeguineae ... 19
Dacelo tyro ... 21

H
Halcyon albiventris ... 35
Halcyon badia ... 33
Halcyon chelicuti ... 36
Halcyon coromanda ... 24
Halcyon cyanoventris ... 32
Halcyon leucocephala ... 33
Halcyon malimbica ... 37
Halcyon pileata ... 34
Halcyon senegalensis ... 37
Halcyon smyrnensis ... 30

L
Lacedo pulchella ... 13

M
Megaceryle alcyon ... 72
Megaceryle lugubris ... 66
Megaceryle maxima ... 71
Megaceryle torquata ... 70

P
Pelargopsis amauroptera ... 23
Pelargopsis capensis ... 22
Pelargopsis melanorhyncha ... 23

S
Syma torotoro ... 46

T
Tanysiptera carolinae ... 15
Tanysiptera danae ... 17
Tanysiptera galatea ... 14
Tanysiptera riedelii ... 15
Tanysiptera sylvia ... 16
Todiramphus albonotatus ... 39
Todiramphus chloris ... 42
Todiramphus cinnamominus ... 43
Todiramphus diops ... 38
Todiramphus enigma ... 43
Todiramphus funebris ... 39
Todiramphus lazuli ... 38
Todiramphus macleayii ... 40
Todiramphus pyrrhopygius ... 46
Todiramphus sanctus ... 45
Todiramphus saurophagus ... 44

英名索引

A
African Dwarf Kingfisher 47
African Pygmy Kingfisher 49
Amazon Kingfisher 65
American Pygmy Kingfisher 63
Azure Kingfisher 57

B
Banded Kingfisher 13
Beach Kingfisher 44
Beak Paradise Kingfisher 15
Belted Kingfisher 72
Black-billed Kingfisher 23
Black-capped Kingfisher 34
Blue-and-White Kingfisher 38
Blue-banded Kingfisher 54
Blue-breasted Kingfisher 37
Blue-capped Kingfisher 12
Blue-eared Kingfisher 57
Blue-winged Kookaburra 20
Blyth's Kingfisher 64
Brown-backed Paradise Kingfisher... 17
Brown-hooded Kingfisher 35
Brown-winged Kingfisher 23
Buff-breasted Paradise Kingfisher... 16

C
Cerulean Kingfisher 53
Chocolate-backed Kingfisher 33
Collared Kingfisher 42
Common Kingfisher 58
Common Paradise Kingfisher 14
Crested Kingfisher 66

F
Forest Kingfisher 40

G
Giant Kingfisher 71
Green Kingfisher 65
Green-and-Rufous Kingfisher 64
Green-backed Kingfisher 10
Grey-headed Kingfisher 33

I
Indigo-banded Kingfisher 52

J
Javan Kingfisher 32

L
Laughing Kookaburra 19

Lazuli Kingfisher 38
Lilac-cheeked Kingfisher 18
Little Kingfisher 56

M
Madagascan Pygmy Kingfisher 50
Malachite Kingfisher 51
Micronesian Kingfisher 43

N
New Britain Kingfisher 39
Numfor Paradise Kingfisher 15

O
Oriental Dwarf Kingfisher 48

P
Philippine Forest Kingfisher 49
Pied Kingfisher 73

R
Red-backed Kingfisher 46
Ringed Kingfisher 70
Ruddy Kingfisher 24
Rufous-bellied Kookaburra 21
Rufous-collared Kingfisher 12

S
Sacred Kingfisher 45
Scaly Kingfisher 11
Shining-blue Kingfisher 55
Shovel-billed Kookaburra 19
Silvery Kingfisher 52
Sombre Kingfisher 39
Spangled Kookaburra 21
Spotted Kingfisher 11
Stork-billed Kingfisher 22
Striped Kingfisher 36
Sulawesi Dwarf Kingfisher 50

T
Talaud Kingfisher 43

V
Variable Dwarf Kingfisher 51

W
White-mantled Kingfisher 39
White-rumped Kingfisher 22
White-throated Kingfisher 30
Woodland Kingfisher 37

Y
Yellow-billed Kingfisher 46